Workbook：
WSET Level 2 Award in Wines

WSET
第二级葡萄酒认证

练习册

英国葡萄酒与烈酒教育基金会（Wine & Spirit Education Trust） 著

工琪 译

中信出版集团 | 北京

图书在版编目（CIP）数据

WSET 第二级葡萄酒认证练习册 / 英国葡萄酒与烈酒教育基金会著；王琪译 . -- 北京：中信出版社，2022.1

书名原文：Workbook——WSET Level 2 Award in Wines

ISBN 978-7-5217-3881-0

Ⅰ . ① W… Ⅱ . ①英… ②王… Ⅲ . ①葡萄酒－基本知识 Ⅳ . ① TS262.61

中国版本图书馆 CIP 数据核字 (2021) 第 268667 号

WSET第二级葡萄酒认证练习册

著　　者：英国葡萄酒与烈酒教育基金会
译　　者：王琪
出版发行：中信出版集团股份有限公司
（北京市朝阳区惠新东街甲4号富盛大厦2座　邮编　100029）
承 印 者：河北鹏润印刷有限公司

开　　本：787mm x 1092 mm　1/16　　印　　张：5.75　　字　　数：150千字
版　　次：2022年1月第1版　　印　　次：2022年1月第1次印刷
京权图字：01-2021-7346
书　　号：ISBN 978-7-5217-3881-0
定　　价：248.00元

服务热线：400-600-8099
投稿邮箱：author@citicpub.com

练习册

WSET® 第二级葡萄酒认证

知而后品 识而后尝

图表和插图
图表和插图制作：CalowCraddock Ltd

酒标
酒标设计：Ricky Wong

美工设计：Peter Dolton
中文排版：David Tsai与英国剑桥First Edition Translations Ltd公司联合完成

编审：刘丁（Danielle Liu）
技术编辑：Ian Dai DipWSET
校对：张静怡（Zhang Jingyi）

制作服务：Wayment Print & Publishing Solutions Ltd与Armstrong Ink Ltd

目录

前言

欢迎进入 WSET 第二级葡萄酒认证课程

第二级葡萄酒认证课程的主要目的是介绍葡萄酒的主要风格。你会在课程中学习葡萄种植、葡萄酒生产以及每个葡萄品种的详细知识。此外你还会品尝到多种葡萄酒，以建立标准风格的参照点。

WSET 第二级葡萄酒认证练习册

本练习册是为结合课堂章节设计的，共包括 9 个章节，分别是：

· 葡萄酒的品尝技巧；葡萄酒与食物的搭配

· 影响红葡萄酒生产的因素；黑皮诺、金粉黛 / 普里米蒂沃

· 影响白葡萄酒、甜葡萄酒与桃红葡萄酒酿造的因素；雷司令、白诗南、赛美蓉、福尔明

· 霞多丽、长相思、灰皮诺；琼瑶浆、维欧尼、阿尔巴利诺

· 梅洛、赤霞珠、西拉 / 西拉子

· 佳美、歌海娜 / 加尔纳恰、丹魄、佳美娜、马尔贝克、皮诺塔吉

· 柯蒂斯、卡尔卡耐卡、维蒂奇诺、菲亚诺；内比奥罗、巴贝拉、科维纳、桑娇维塞、蒙特普齐亚诺

· 起泡葡萄酒；加强葡萄酒

· 试卷样题

练习册涵盖了 PPT 里所有的内容，还预留了大量空间，可用来做笔记与记录课程中所品尝的葡萄酒。

作为自学的一部分，练习册可以结合《葡萄酒：解读酒标 —— WSET 第二级葡萄酒认证配套课本》一起使用。这样，在准备考试的时候，便能把练习册作为主要的信息来源。

其他主要资料

在课程中你还会用到另外两份非常重要的资料。

葡萄酒：解读酒标 —— WSET 第二级葡萄酒认证配套课本

此配套课本涵盖了所有考试所需的内容。

说明书

说明书列出了第二级葡萄酒认证的学习成果，以及在此认证里你所需要知道的所有知识。需要注意的是，考官会使用说明书来设计考卷。说明书里还包含了关于考试的其他重要信息。

说明书不提供印刷版本，但可以在 WSET 网站的认证页面找到电子版。我们强烈推荐所有学员在学习的过程中参考说明书。

1 葡萄酒的品尝技巧 葡萄酒与食物的搭配

葡萄酒的品尝环境

- 良好的自然光线
- 没有其他异味
- 吐酒桶
- 放置品酒杯与做笔记的空间

自我预备

- 口腔洁净
- 避免喷香水或须后水
- 干净与合适的品酒杯
- 酒杯中倒入适量的酒样

使用 SAT 的原因

- 校准口感
- 用同样的语言来描述一款酒
- 用来评估一款酒的：
  - 外观
  - 香气
  - 口感
  - 质量

会影响葡萄酒香气与味道的缺陷

- 软木塞缺陷
- 瓶塞缺陷
- 热损害

视觉的“观”		
颜色深度		淡 — 中 — 深
颜　色	白葡萄酒	柠檬色 — 金黄色 — 琥珀色
	桃红葡萄酒	粉红色 — 粉橘色 — 橙色
	红葡萄酒	紫红色 — 宝石红色 — 石榴红色 — 茶色

嗅觉的“闻”	
香气浓度	淡 — 中 — 浓
香气特征	如：一类香气、二类香气、三类香气

- 一类香气 ……………………

- 二类香气 ……………………

- 三类香气 ……………………

味觉的“尝”	
甜　度	干 — 近乎干 — 中 — 甜
酸　度	低 — 中 — 高
单　宁	低 — 中 — 高
酒精度	低 — 中 — 高
酒　体	轻盈 — 中 — 饱满
味道浓度	淡 — 中 — 浓郁
味道特征	如：一类味道、二类味道、三类味道
余味长度	短 — 中 — 长

- 甜度
- 酸度
- 单宁
- 酒精度
- 酒体
- 味道浓度
- 味道特征
- 余味长度

评 估

质 量　　差 — 可接受 — 好 — 很好 — 特好

• 平衡性

• 余味 / 长度

• 可辨识的特征 / 浓郁度

• 复杂性

葡萄酒		
视觉的“观”		
嗅觉的“闻”		
味觉的“尝”		
评 估		
葡萄酒与食物的搭配		建议侍酒温度

<table>
<tr><td colspan="2">葡萄酒</td></tr>
<tr><td>视觉的“观”</td><td></td></tr>
<tr><td>嗅觉的“闻”</td><td></td></tr>
<tr><td>味觉的“尝”</td><td></td></tr>
<tr><td>评　估</td><td></td></tr>
<tr><td>葡萄酒与食物的搭配</td><td>建议侍酒温度</td></tr>
</table>

<table>
<tr><td colspan="2">葡萄酒</td></tr>
<tr><td>视觉的“观”</td><td></td></tr>
<tr><td>嗅觉的“闻”</td><td></td></tr>
<tr><td>味觉的“尝”</td><td></td></tr>
<tr><td>评　估</td><td></td></tr>
<tr><td>葡萄酒与食物的搭配</td><td>建议侍酒温度</td></tr>
</table>

<table>
<tr><td colspan="3">葡萄酒</td></tr>
<tr><td>视觉的“观”</td><td colspan="2"></td></tr>
<tr><td>嗅觉的“闻”</td><td colspan="2"></td></tr>
<tr><td>味觉的“尝”</td><td colspan="2"></td></tr>
<tr><td>评　估</td><td colspan="2"></td></tr>
<tr><td colspan="2">葡萄酒与食物的搭配</td><td>建议侍酒温度</td></tr>
</table>

<table>
<tr><td colspan="3">葡萄酒</td></tr>
<tr><td>视觉的“观”</td><td colspan="2"></td></tr>
<tr><td>嗅觉的“闻”</td><td colspan="2"></td></tr>
<tr><td>味觉的“尝”</td><td colspan="2"></td></tr>
<tr><td>评　估</td><td colspan="2"></td></tr>
<tr><td colspan="2">葡萄酒与食物的搭配</td><td>建议侍酒温度</td></tr>
</table>

葡萄酒与食物的搭配

主要原理

- 每个人的敏感度
- 个人偏好很重要
- 食物对葡萄酒的影响

食物与葡萄酒口味的相互影响

食物若……	葡萄酒便会……
甜	较为干涩并带苦味，显得较酸 甜度与果味变得较不明显
鲜	较为干涩并带苦味，显得较酸 甜度与果味变得较不明显
咸	干涩度降低、苦味与酸度变得较不明显 果味与酒体较为明显
酸	干涩度降低、苦味与酸度变得较不明显 甜度与果味较为明显

其他考量

- 辛辣感
- 味道浓度
- 酸度与油腻感

2 影响红葡萄酒生产的因素
黑皮诺、金粉黛 / 普里米蒂沃

葡萄

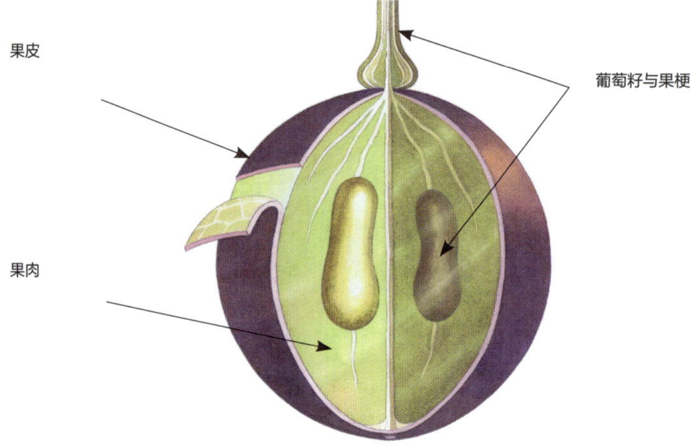

葡萄需要

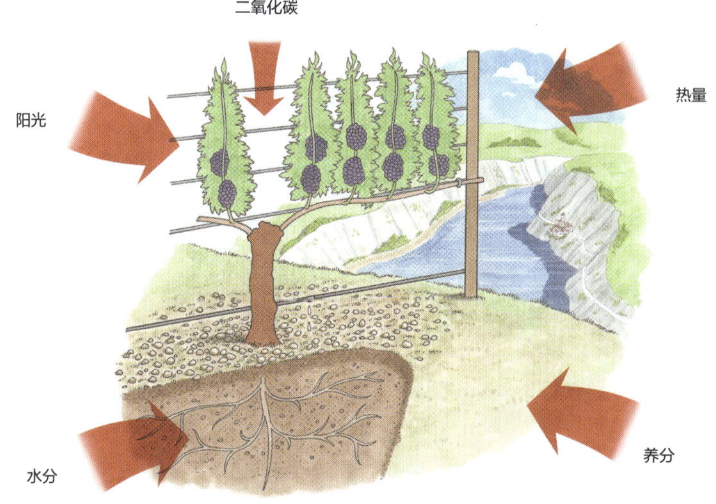

光合作用

- 水分 + 二氧化碳 + 阳光 → 糖分

....

....

....

葡萄成形与成熟

- 开花期
- 坐果 —— 花朵发育为葡萄
- 转色期
- 成熟期

生长环境

气候

- 凉爽气候（温度在 **16.5℃** 以下）
- 温和气候（温度在 **16.5℃ — 18.5℃** 之间）
- 温暖气候（温度在 **18.5℃ — 21℃** 之间）

气候的影响

- 纬度
- 海拔
- 海洋

生长环境

气候的影响

- 河流
- 山坡
- 朝向
- 云
- 浓雾
- 薄雾
- 山脉
- 土壤
- 空气

天气的影响

- 气温
- 阳光
- 干旱
- 降雨量
- 冰雹
- 霜冻

葡萄种植

葡萄园活动

- 整枝与修剪
- 灌溉
- 喷洒药剂

  杀真菌剂

  杀虫剂

  除草剂
- 产量
- 采收

  人工摘采

  机器采收

与产区和法规相关的酒标术语

Geographical Indications（地理标识标签，简称 GIs）

- 非欧盟国家内
- 欧盟内

  Protected Designation of Origin
  （原产地保护标签，简称 PDO）

  Protected Geographical Indication
  （地理标志保护标签，简称 PGI）

法国葡萄酒产区

法国的酒标术语

Protected Designation of Origin（PDO）

国 家	PDO 酒标术语
法 国	Appellation d'Origine Protégée（法定产区保护葡萄酒，简称 AOP） Appellation d'Origine Contrôlée（法定产区命名葡萄酒，简称 AOC）

Protected Geographical Indication（PGI）

国 家	PGI 酒标术语
法 国	Indication Géographique Protégée（地理标志保护葡萄酒，简称 IGP） Vin de Pays（地区葡萄酒，简称 VdP）

黑皮诺（Pinot Noir）

- 果皮薄
- 酸度高
- 单宁低到中
- 红色水果：
  草莓
  覆盆子
  红樱桃

凉爽气候

温和气候

- 常为单一品种
- 谨慎使用橡木桶
- 会被用来酿造起泡葡萄酒

- 质量很好或特好的葡萄酒可以陈年：
  蘑菇
  森林地表

勃艮第（Burgundy）

Domaine Martin
BOURGOGNE
APPELLATION BOURGOGNE CONTRÔLÉE
PINOT NOIR
PRODUIT DE FRANCE

Domaine Martin
GEVREY-CHAMBERTIN
APPELLATION GEVREY-CHAMBERTIN
CONTRÔLÉE
PRODUIT DE FRANCE

Domaine Martin
GEVREY-CHAMBERTIN
CLOS SAINT-JACQUES
APPELLATION GEVREY-CHAMBERTIN
PREMIER CRU CONTRÔLÉE
PRODUIT DE FRANCE

Domaine Martin
LE CHAMBERTIN
GRAND CRU
APPELLATION LE CHAMBERTIN
CONTRÔLÉE
PRODUIT DE FRANCE

世界各地的黑皮诺

美国： 俄勒冈与加利福尼亚

智 利

南 非

澳大利亚

新西兰

<table>
<tr><td colspan="3">葡萄酒</td></tr>
<tr><td>视觉的“观”</td><td colspan="2"></td></tr>
<tr><td>嗅觉的“闻”</td><td colspan="2"></td></tr>
<tr><td>味觉的“尝”</td><td colspan="2"></td></tr>
<tr><td>评　估</td><td colspan="2"></td></tr>
<tr><td colspan="2">葡萄酒与食物的搭配</td><td>建议侍酒温度</td></tr>
</table>

<table>
<tr><td colspan="3">葡萄酒</td></tr>
<tr><td>视觉的“观”</td><td colspan="2"></td></tr>
<tr><td>嗅觉的“闻”</td><td colspan="2"></td></tr>
<tr><td>味觉的“尝”</td><td colspan="2"></td></tr>
<tr><td>评　估</td><td colspan="2"></td></tr>
<tr><td colspan="2">葡萄酒与食物的搭配</td><td>建议侍酒温度</td></tr>
</table>

葡萄酒酿造过程

酒精发酵

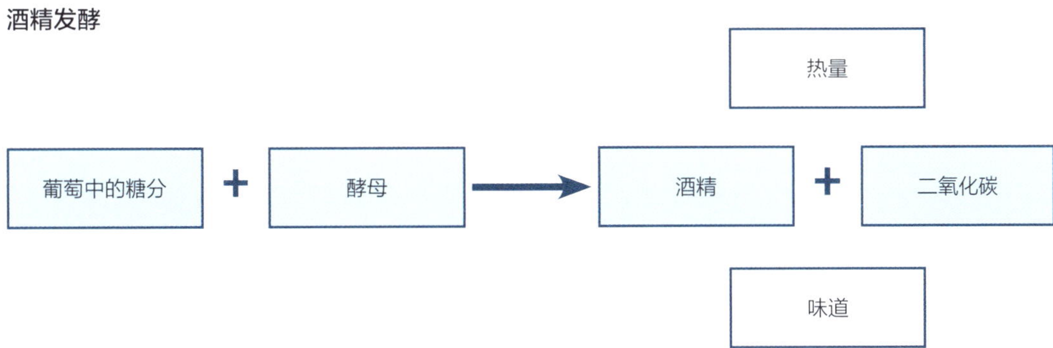

红葡萄酒的酿造过程

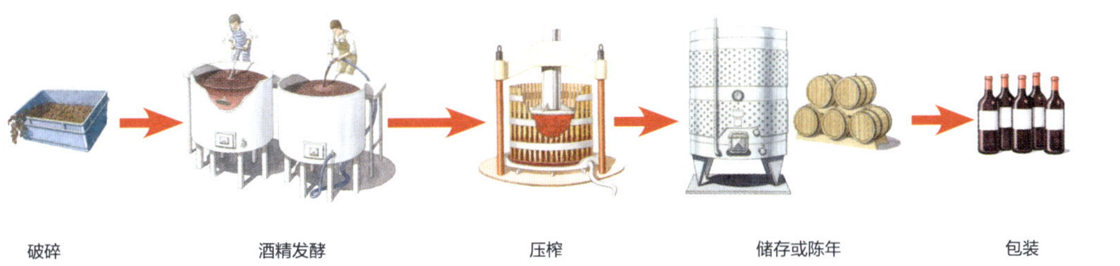

惰性酿酒容器

- 材料

  不锈钢

  水泥

- 特点

  发酵与储存

  无味道添加

  可以作为气密式容器

橡木酿酒容器

- 特点

  添加味道

  氧化

  软化单宁

混合

- 风格

- 一致性

- 复杂性

瓶中陈年

- 瓶中陈年的葡萄酒需要具有：

  味道集中度

  味道可以随时间而进化良好

  高酸度、单宁或糖分

金粉黛 / 普里米蒂沃（Zinfandel/Primitivo）

- 成熟不稳定
- 糖分高
- 酸度中到高
- 单宁中到高

温暖气候

- 桃红与红葡萄酒
- 红葡萄酒通常会在橡木桶中陈年

- 质量很好或特好的红葡萄酒可以陈年：

  泥土

  肉味

世界各地的金粉黛 / 普里米蒂沃

美国：加利福尼亚

意大利

葡萄酒	
视觉的“观”	
嗅觉的“闻”	
味觉的“尝”	
评　估	

葡萄酒与食物的搭配	建议侍酒温度

3 影响白葡萄酒、甜葡萄酒与桃红葡萄酒酿造的因素 雷司令、白诗南、赛美蓉、福尔明

葡萄成形与成熟

- 开花期
- 坐果 ——
  花朵发育为葡萄
- 转色期
- 成熟的葡萄

浓缩葡萄的糖分

额外成熟期

- 早期
  较成熟的香气
  较高的糖分
- 晚期
  变为葡萄干
  果干香气

贵腐菌（Botrytis / Noble Rot）

- 所需条件
  成熟的葡萄
  早晨湿雾笼罩
  温暖而干燥的下午

冰冻葡萄

- 方式

  葡萄在藤上冰冻（冬天）

  在冰冻时采收

  在冰冻时压榨

  冰酒（Icewine / Eiswein）

葡萄酒的酿造过程

白葡萄酒的酿造过程

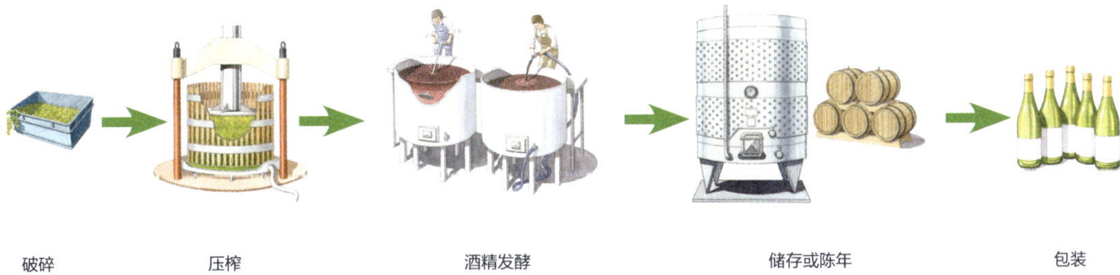

酿造过程中的各项选择

- 调整

  糖

  酸

- **橡木容器**

  烘烤等级

  新与旧

  容器尺寸

- **橡木桶的替代品**

  橡木条

  橡木片

- **苹果酸 — 乳酸转化**

  降低酸度

  二类味道：黄油、奶油

- **酒泥**

  酒体较明显

  二类味道：面包、油酥糕点

葡萄酒的酿造过程

甜葡萄酒

- **浓缩葡萄的糖分**

- **中止发酵**

  移除酵母

  杀死酵母

- **加糖**

葡萄酒的酿造过程

桃红葡萄酒的酿造过程

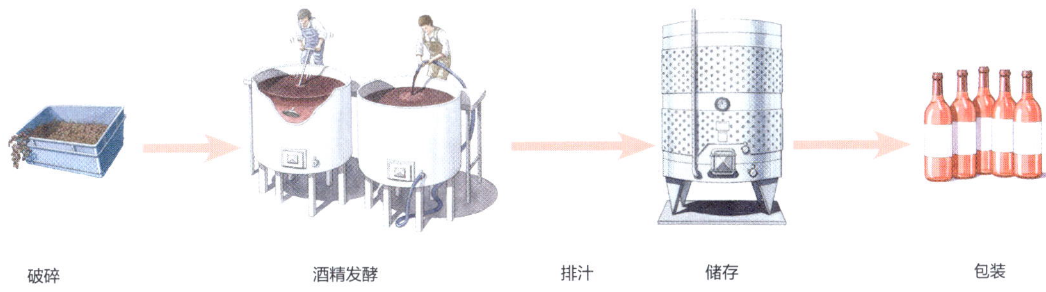

<table>
<tr><td colspan="2">葡萄酒</td></tr>
<tr><td>视觉的“观”</td><td></td></tr>
<tr><td>嗅觉的“闻”</td><td></td></tr>
<tr><td>味觉的“尝”</td><td></td></tr>
<tr><td>评　估</td><td></td></tr>
<tr><td>葡萄酒与食物的搭配</td><td>建议侍酒温度</td></tr>
</table>

雷司令（Riesling）

- 酸度高
- 易受贵腐菌的影响
- 芳香型葡萄品种
- 水果特征依成熟度而不同

凉爽气候

温和气候

- 多种采收方式
- 干型到甜型
- 酒体轻盈到饱满
- 不具橡木味

- 质量很好或特好的葡萄酒可以陈年：

  蜂蜜

  汽油

成熟度

刚成熟 → 额外成熟

德国与法国

德国的酒标术语

Protected Designation of Origin（PDO）

国　家	PDO 酒标术语
德　国	优质葡萄酒（Qualitätswein） 特级优质葡萄酒（Prädikatswein）

Protected Geographical Indication（PGI）

国　家	PGI 酒标术语
德　国	地区餐酒（Landwein）

高级优质（Prädikat）的六种类别

- 珍藏酒（Kabinett）
- 晚摘酒（Spätlese）
- 逐串精选酒（Auslese）

} 干型到甜型

- 冰酒（Eiswein）

甜型（葡萄甜度经冰冻而浓缩）

- Beerenauslese（逐粒精选酒，简称 BA）
- Trockenbeerenauslese（枯葡萄精选酒，简称 TBA）

甜型（葡萄糖分因贵腐菌而浓缩）

DR. SCHMITT
Riesling Eiswein
Mosel

DR. SCHMITT
Riesling Beerenauslese
Mosel

DR. SCHMITT
Riesling
Trockenbeerenauslese
Mosel

其他酒标术语

- 德国干型葡萄酒（Trocken）

- 带有些许甜度的德国葡萄酒（Halbtrocken）

澳大利亚

葡萄酒	
视觉的“观”	
嗅觉的“闻”	
味觉的“尝”	
评　估	

葡萄酒与食物的搭配	建议侍酒温度

葡萄酒		
视觉的“观”		
嗅觉的“闻”		
味觉的“尝”		
评　估		
葡萄酒与食物的搭配		建议侍酒温度

白诗南（Chenin Blanc）

- 风格多变：适合不同气候
- 酸度高
- 易受贵腐菌的影响

凉爽气候

温和气候

温暖气候

- 多种采收方式
- 干型到甜型
- 具或不具橡木味

- 质量很好或特好的葡萄酒可以陈年：
  果干
  蜂蜜
  坚果

成熟度

刚成熟 → 额外成熟

法国

南非

葡萄酒		
视觉的“观”		
嗅觉的“闻”		
味觉的“尝”		
评　估		
葡萄酒与食物的搭配		建议侍酒温度

赛美蓉（Sémillon/Semillon）

- 酸度中到高
- 易受贵腐菌的影响

温和气候

温暖气候

- 多种采收方式
- 干型到甜型
- 酒体轻盈到饱满
- 具或不具橡木味
- 有时会混合

  长相思（Sauvignon Blanc）

- 质量很好或特好的葡萄酒可以陈年

发展

年轻 → 完全发展

法国

澳大利亚

福尔明（Furmint）

- 酸度高
- 多半种植在匈牙利的托卡伊（Tokaj）
- 易受贵腐菌的影响

温和气候

- 干型到甜型
- 具或不具橡木味

- 质量很好或特好的葡萄酒（尤其是甜葡萄酒）可以陈年：

  果干

  焦糖

  坚果

匈牙利：托卡伊

葡萄酒	
视觉的“观”	
嗅觉的“闻”	
味觉的“尝”	
评　估	

葡萄酒与食物的搭配	建议侍酒温度

霞多丽、长相思、灰皮诺 琼瑶浆、维欧尼、阿尔巴利诺

霞多丽（Chardonnay）

- 风格多变：适合不同气候
- 酸度中到高

- 干型
- 酒体轻盈到饱满
- 不同的葡萄酒酿造技巧
- 用来酿造起泡葡萄酒

- 质量很好或特好的葡萄酒可以陈年：

  榛子

  蘑菇

气候与成熟度

凉爽气候　　温和气候　　温暖气候

最不成熟　　最为成熟

酿造过程中的各项选择

- 调整 ....
- 苹果酸 — 乳酸转化 ....
- 酒泥接触 ....
- 橡木 ....

法国

葡萄酒	
视觉的“观”	
嗅觉的“闻”	
味觉的“尝”	
评　估	

葡萄酒与食物的搭配	建议侍酒温度

葡萄酒	
视觉的“观”	
嗅觉的“闻”	
味觉的“尝”	
评　估	
葡萄酒与食物的搭配	建议侍酒温度

长相思（Sauvignon Blanc）

- 酸度高
- 芳香型葡萄品种
- 草本植物
- 花香
- 果香（绿色水果、柑橘类水果、热带水果）

- 凉爽气候
- 温和气候

- 通常为干型
- 酒体轻盈到中等
- 通常不具橡木味
- 通常为单一品种（有时与赛美蓉混合）

- 通常适合尽早饮用

成熟度

最不成熟 → 最为成熟

法国

世界各地的霞多丽与长相思

美国

智利

南非

澳大利亚

新西兰

葡萄酒	
视觉的“观”	
嗅觉的“闻”	
味觉的“尝”	
评 估	
葡萄酒与食物的搭配	建议侍酒温度

葡萄酒	
视觉的“观”	
嗅觉的“闻”	
味觉的“尝”	
评 估	
葡萄酒与食物的搭配	建议侍酒温度

葡萄酒	
视觉的“观”	
嗅觉的“闻”	
味觉的“尝”	
评　估	

葡萄酒与食物的搭配	建议侍酒温度

灰皮诺（Pinot Grigio/Pinot Gris）

- 酸度中到高

凉爽气候

温和气候

- 有两种主要风格
- 通常不具橡木味

- 质量很好或特好的葡萄酒可以陈年：
  蜂蜜
  生姜

灰皮诺（Pinot Grigio）

- 干型
- 酸度高
- 酒体轻盈
- 口感简单

灰皮诺（Pinot Gris）

- 干型、近乎干或中型
- 酸度中等
- 酒体饱满
- 复杂

琼瑶浆（Gewurztraminer）

- 酸度中到低
- 芳香型葡萄品种
- 花香：玫瑰
- 核果：桃、杏
- 热带水果：荔枝

凉爽气候

温和气候

- 干型到甜型
- 酒体饱满
- 通常不具橡木味

- 质量很好或特好的葡萄酒可以陈年：
  蜂蜜
  果干

阿尔萨斯（Alsace）的酒标术语

维欧尼（Viognier）

- 酸度低到中
- 酒精度高
- 芳香型葡萄品种
- 花香：花丛
- 核果：桃、杏

- 通常为干型
- 酒体中等到饱满
- 具或不具橡木味
- 单一品种或混合

温和气候

法国

阿尔巴利诺（Albariño）

- 酸度高
- 柑橘类水果：柠檬、西柚
- 核果：桃、杏

温和气候

- 通常为干型
- 酒体中等
- 具或不具橡木味
- 单一品种

- 通常适合尽早饮用

西班牙

葡萄酒	
视觉的“观”	
嗅觉的“闻”	
味觉的“尝”	
评 估	
葡萄酒与食物的搭配	建议侍酒温度

梅洛、赤霞珠、西拉 / 西拉子 5

梅洛（Merlot）

- 酸度中等
- 单宁中等
- 水果特征依成熟度而不同

温和气候

温暖气候

- 单一品种或混合
- 口感简单或复杂
- 酒体轻盈到饱满
- 具或不具橡木味

- 质量很好或特好的葡萄酒可以陈年：
  果干
  烟草

成熟度

最不成熟 → 最为成熟

赤霞珠（Cabernet Sauvignon）

- 果皮厚
- 酸度高
- 单宁高
- 黑色水果
- 草本植物

温和气候

温暖气候

- 单一品种或混合
- 口感简单或复杂
- 酒体中等到饱满
- 常经橡木陈年

- 质量很好或特好的葡萄酒可以陈年：
  果干
  泥土
  森林地表

成熟度

最不成熟 → 最为成熟

梅洛与赤霞珠的混合

梅洛

通常与单宁高的品种混合，例如赤霞珠：

- 用来降低单宁与酸度
- 使酒款可以在早期阶段饮用
- 在混合酒款中添加红色水果的味道

赤霞珠

通常与低单宁与低酸度品种混合，例如梅洛：

- 若酒中酸度过低可用以平衡葡萄酒的酸度
- 用以增添酒中单宁以酿成特定风格

梅洛与赤霞珠

法国

波尔多的法定产区

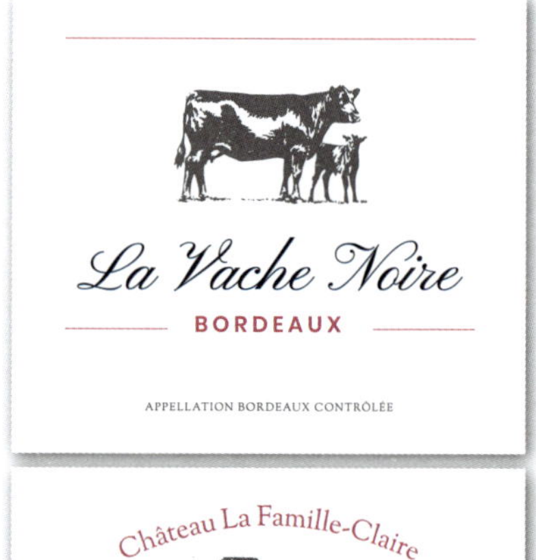

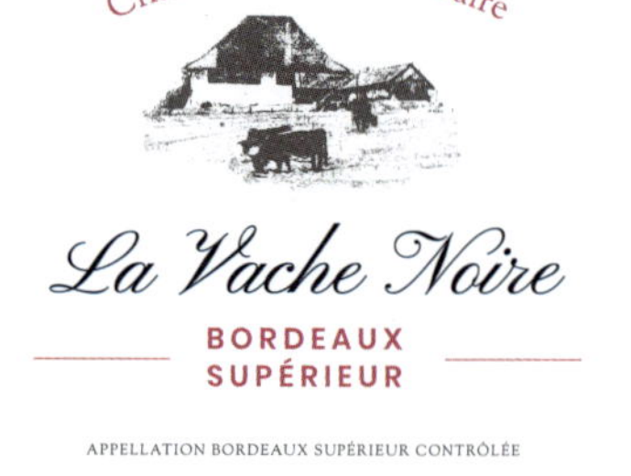

GRAND VIN
Château
Baron-Moss
PAUILLAC
APPELLATION PAUILLAC CONTRÔLÉE

Château de la Chapelle
SAINT-ÉMILION GRAND CRU
APPELLATION SAINT-ÉMILION GRAND CRU CONTRÔLÉE

波尔多分级

GRAND CRU CLASSÉ
CHÂTEAU DOUGLAS
APPELLATION MARGAUX CONTRÔLÉE
MIS EN BOUTEILLE AU CHÂTEAU

CRU BOURGEOIS
CHÂTEAU-BEAUCLERC
HAUT-MÉDOC
APPELLATION HAUT-MÉDOC CONTRÔLÉE

世界各地的梅洛与赤霞珠

美国：加利福尼亚

美国：纳帕谷（Napa Valley）

智利

南非

澳大利亚

新西兰

葡萄酒	
视觉的“观”	
嗅觉的“闻”	
味觉的“尝”	
评　估	
葡萄酒与食物的搭配	建议侍酒温度

葡萄酒	
视觉的“观”	
嗅觉的“闻”	
味觉的“尝”	
评　估	
葡萄酒与食物的搭配	建议侍酒温度

葡萄酒	
视觉的“观”	
嗅觉的“闻”	
味觉的“尝”	
评　估	

葡萄酒与食物的搭配	建议侍酒温度

葡萄酒	
视觉的“观”	
嗅觉的“闻”	
味觉的“尝”	
评　估	

葡萄酒与食物的搭配	建议侍酒温度

西拉 / 西拉子（Syrah/Shiraz）

法国

澳大利亚

葡萄酒		
视觉的“观”		
嗅觉的“闻”		
味觉的“尝”		
评　估		
葡萄酒与食物的搭配		建议侍酒温度

葡萄酒		
视觉的“观”		
嗅觉的“闻”		
味觉的“尝”		
评　估		
葡萄酒与食物的搭配		建议侍酒温度

6 佳美、歌海娜 / 加尔纳恰、丹魄、佳美娜、马尔贝克、皮诺塔吉

佳美（Gamay）

- 酸度高
- 单宁低到中
- 红色水果：覆盆子、红樱桃、红李子

温和气候

- 通常酒体轻盈
- 通常不具橡木味
- 有些葡萄酒酿造技巧可以带来香蕉与糖果的香气与味道

- 通常适合尽早饮用

法国

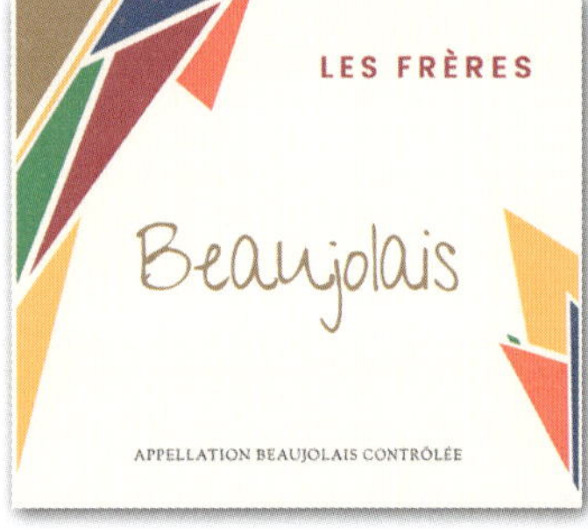

歌海娜 / 加尔纳恰（Grenache/Garnacha）

- 果皮薄
- 单宁低到中
- 酸度低
- 糖分高
- 红色水果：草莓、红李子、红樱桃
- 辛香料：白胡椒、甘草

温暖气候

- 通常用来混合
- 具或不具橡木味
- 红或桃红葡萄酒

- 质量很好或特好的葡萄酒可以陈年：
  泥土
  肉味
  果干
  焦糖

法国

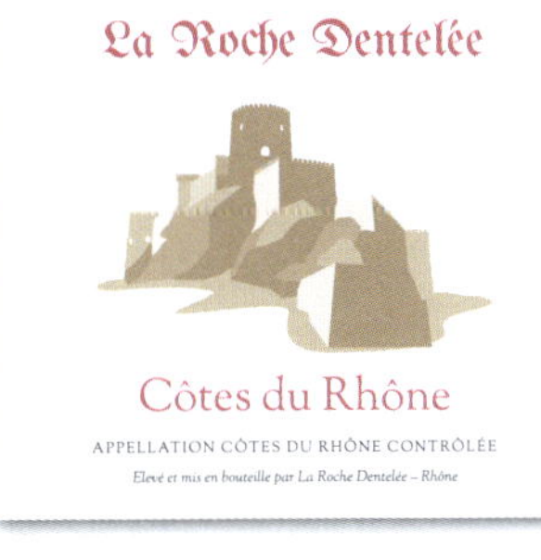

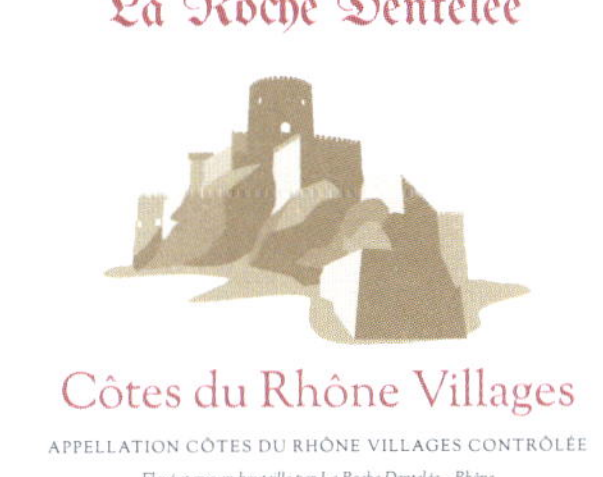

西班牙

澳大利亚

葡萄酒		
视觉的“观”		
嗅觉的“闻”		
味觉的“尝”		
评　估		
葡萄酒与食物的搭配		建议侍酒温度

葡萄酒		
视觉的“观”		
嗅觉的“闻”		
味觉的“尝”		
评　估		
葡萄酒与食物的搭配		建议侍酒温度

丹魄（Tempranillo）

- 酸度中等
- 单宁中等
- 红色水果：草莓、红樱桃
- 黑色水果：黑莓、黑李子

温和气候

温暖气候

- 口感简单或复杂
- 酒体轻盈到饱满
- 具或不具橡木味
- 混合或单一品种

- 质量很好或特好的葡萄酒可以陈年：
  果干
  皮革
  蘑菇

西班牙

西班牙的酒标术语

Protected Designation of Origin（PDO）

国　家	PDO 酒标术语
西班牙	Denominación de Origen（法定产区，简称 DO） Denominación de Origen Calificada（优质法定产区，简称 DOCa）

Protected Geographical Indication（PGI）

国　家	PGI 酒标术语
西班牙	Vino de la Tierra（乡村餐酒，简称 VT）

Molino y Mula
VINO
TINTO
JOVEN
VINO DE LA TIERRA

Marques
de Cantabria
RIOJA
DENOMINACIÓN DE
ORIGEN CALIFICADA
CRIANZA

Marques
de Cantabria
RIOJA
DENOMINACIÓN DE
ORIGEN CALIFICADA
RESERVA

Marques
de Cantabria
RIOJA
DENOMINACIÓN DE
ORIGEN CALIFICADA
GRAN RESERVA

西班牙的酒标术语

陈年

葡萄酒		
视觉的“观”		
嗅觉的“闻”		
味觉的“尝”		
评　估		
葡萄酒与食物的搭配		建议侍酒温度

葡萄酒		
视觉的“观”		
嗅觉的“闻”		
味觉的“尝”		
评　估		
葡萄酒与食物的搭配		建议侍酒温度

佳美娜（Carmenère）

- 酸度中到高
- 单宁高
- 草本植物：青椒
- 草药：桉树
- 黑色水果：黑莓

温暖气候

- 混合或单一品种
- 酒体饱满
- 通常会在橡木桶中陈年

- 质量很好或特好的葡萄酒可以陈年：
  咖啡
  巧克力

马尔贝克（Malbec）

- 单宁高
- 黑色水果：黑莓、黑李子

温暖气候

- 混合或单一品种
- 酒体饱满
- 通常会在橡木桶中陈年

- 质量很好或特好的葡萄酒可以陈年：
  果干
  肉味

智利与阿根廷

皮诺塔吉（Pinotage）

- 酸度高
- 单宁中等
- 红色水果：草莓、覆盆子、红樱桃

温暖气候

- 混合或单一品种
- 酒体中等到饱满
- 能从橡木中获得浓郁的味道：咖啡、巧克力和烟熏

- 质量很好或特好的葡萄酒可以陈年

南非

THE WAYFARER
Cape Blend
Western Cape
WINE OF SOUTH AFRICA

葡萄酒	
视觉的“观”	
嗅觉的“闻”	
味觉的“尝”	
评　估	

葡萄酒与食物的搭配	建议侍酒温度

柯蒂斯、卡尔卡耐卡、维蒂奇诺、菲亚诺 内比奥罗、巴贝拉、科维纳、桑娇维塞、蒙特普齐亚诺 7

意大利酒标术语

Protected Designation of Origin（PDO）

国　家	PDO 酒标术语
意大利	Denominazione di Origine Controllata（法定产区，简称 DOC） Denominazione di Origine Controllata e Garantita（优质法定产区，简称 DOCG）

Protected Geographical Indication（PGI）

国　家	PGI 酒标术语
意大利	Indicazione Geografica Tipica（地区葡萄酒，简称 IGT）

柯蒂斯（Cortese）

- 酸度高
- 花香：花丛
- 绿色水果：苹果、梨
- 柑橘类水果：柠檬

- 干型
- 酒体轻盈
- 不具橡木味

- 通常适合尽早饮用

卡尔卡耐卡（Garganega）

- 酸度高
- 绿色水果：苹果、梨
- 柑橘类水果：柠檬
- 核果：桃

- 干型或甜型
- 酒体中等
- 不具橡木味

- 通常适合尽早饮用
- 质量很好或特好的葡萄酒可以陈年：
  蜂蜜
  杏仁

维蒂奇诺（Verdicchio）

- 酸度高
- 绿色水果：苹果、梨
- 柑橘类水果：柠檬
- 草药：茴香

- 干型
- 酒体中等
- 不具橡木味

- 通常适合尽早饮用
- 质量特好的葡萄酒可以陈年：
  蜂蜜
  坚果

菲亚诺（Fiano）

- 酸度中等
- 核果：桃
- 热带水果：蜜瓜、杧果

- 干型
- 酒体中等到饱满
- 具或不具橡木味
- 可在酒泥中陈年

- 通常适合尽早饮用
- 质量特好的葡萄酒可以陈年：
  蜂蜜
  坚果

葡萄酒	
视觉的“观”	
嗅觉的“闻”	
味觉的“尝”	
评　估	

葡萄酒与食物的搭配	建议侍酒温度

葡萄酒		
视觉的“观”		
嗅觉的“闻”		
味觉的“尝”		
评 估		
葡萄酒与食物的搭配		建议侍酒温度

内比奥罗（Nebbiolo）

- 酸度高
- 单宁高
- 红色水果：红樱桃、红李子
- 花香：玫瑰、紫罗兰
- 草药：干草药

- 通常为单一品种
- 通常酒体饱满
- 常经橡木陈年

- 质量很好或特好的葡萄酒可以陈年：
  蘑菇
  烟草
  皮革

巴贝拉（Barbera）

- 酸度高
- 单宁低到中
- 红色水果：红樱桃、红李子
- 辛香料：黑胡椒

- 通常为单一品种
- 口感简单或复杂
- 具或不具橡木味

- 适合早期饮用
- 质量很好或特好的葡萄酒可以陈年

科维纳（Corvina）

- 酸度高
- 单宁低到中
- 红色水果：红樱桃、红李子

- 通常用来混合（当地品种）
- 酒体轻盈到饱满
- 有时使用风干方式

- 适合早期饮用
- 质量很好或特好的葡萄酒可以陈年

风干（Appassimento）方法

以新鲜葡萄酿造

- 瓦尔波利切拉法定产区（Valpolicella DOC）
- 经典瓦尔波利切拉法定产区（Valpolicella Classico DOC）

以风干葡萄酿造

- 瓦尔波利切拉的阿玛罗尼优质法定产区（Amarone della Valpolicella DOCG）
- 瓦尔波利切拉的雷乔托优质法定产区（Recioto della Valpolicella DOCG）

葡萄酒	
视觉的“观”	
嗅觉的“闻”	
味觉的“尝”	
评　估	
葡萄酒与食物的搭配	建议侍酒温度

葡萄酒	
视觉的“观”	
嗅觉的“闻”	
味觉的“尝”	
评　估	
葡萄酒与食物的搭配	建议侍酒温度

桑娇维塞（Sangiovese）

- 酸度高
- 单宁高
- 红色水果：红樱桃、红李子
- 草药：干草药

- 通常用来混合（当地与国际品种）
- 酒体中等到饱满
- 通常会在橡木桶中陈年

- 适合早期饮用
- 质量很好或特好的葡萄酒可以陈年

蒙特普齐亚诺（Montepulciano）

- 酸度中等
- 单宁高
- 黑色水果：黑李子、黑樱桃

- 混合或单一品种
- 具或不具橡木味

- 通常适合尽早饮用

葡萄酒	
视觉的“观”	
嗅觉的“闻”	
味觉的“尝”	
评　估	

葡萄酒与食物的搭配	建议侍酒温度

葡萄酒		
视觉的“观”		
嗅觉的“闻”		
味觉的“尝”		
评　估		
葡萄酒与食物的搭配		建议侍酒温度

葡萄酒		
视觉的“观”		
嗅觉的“闻”		
味觉的“尝”		
评　估		
葡萄酒与食物的搭配		建议侍酒温度

8 起泡葡萄酒 加强葡萄酒

起泡葡萄酒

葡萄中的糖分 + 酵母 → 酒精 + 二氧化碳

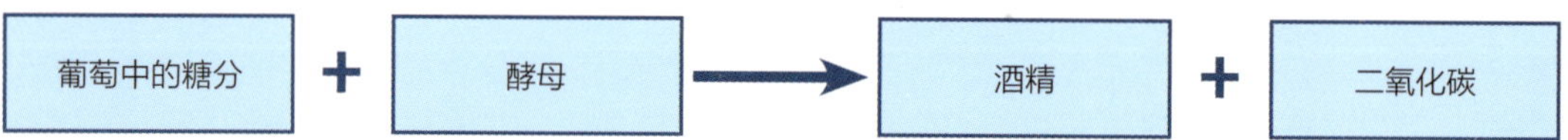

二次发酵

由发酵所产生的二氧化碳被留在瓶内溶于酒中。

· 瓶中发酵法

· 罐中发酵法

瓶中发酵法

传统法（Traditional Method）

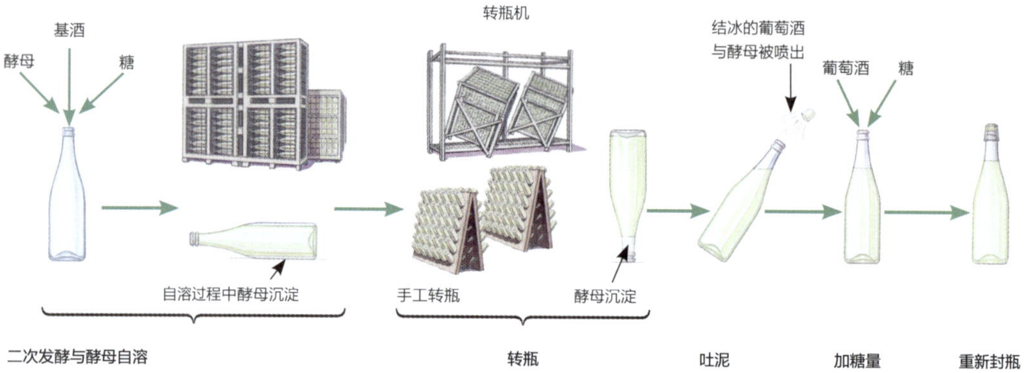

基酒
酵母
糖
自溶过程中酵母沉淀
转瓶机
手工转瓶
酵母沉淀
结冰的葡萄酒
与酵母被喷出
葡萄酒
糖
二次发酵与酵母自溶
转瓶
吐泥
加糖量
重新封瓶

传统法起泡葡萄酒

法国与西班牙

香槟（Champagne）

- 黑皮诺
- 霞多丽
- 莫尼耶（Meunier）

卡瓦（Cava）

- 当地品种
- 霞多丽
- 黑皮诺

起泡葡萄酒的酒标术语

- 天然型（Brut）
- 半干型（Demi-Sec）
- 无年份 / 年份（Non-vintage/Vintage）
- 传统法（Traditional Method/Méthode Traditionnelle）
- 开普传统法（Méthode Cap Classique）

罐中发酵法

罐中发酵法

干型基酒

↓

添加酵母 + 糖分

↓

密封罐

↓

二次发酵

↓

除去酒泥（过滤）

↓

在气压下装瓶

↓

干型起泡葡萄酒

普洛赛克（Prosecco）

- 葡萄品种：格雷拉（Glera）
- 酒体轻盈或中等
- 干型或近乎干

- 水果味道：

  苹果

  蜜瓜

阿斯蒂法（Asti Method）

葡萄汁

↓

在加压罐中经部分发酵

↓

将发酵罐密封以便保存二氧化碳

↓

以过滤方式移除酵母
以便中断发酵

↓

甜型低酒精度起泡酒

阿蒂斯（Asti）

- 葡萄品种：莫斯卡托（麝香）[Moscato（Muscat）]
- 甜型
- 酒体轻盈
- 浓郁的花香与水果味道：
  葡萄、梨
  桃
  花丛

如何开启一瓶起泡葡萄酒

品尝起泡葡萄酒

	普洛赛克	卡瓦	香槟	阿斯蒂
颜　色				
香气 / 味道				
质　量				

加强葡萄酒

加强葡萄酒是添加了额外酒精的葡萄酒。

酒精强化的时间点

- 在发酵过程中以酒精强化法来中止发酵以酿造甜型加强葡萄酒。
- 发酵完成后，在干型葡萄酒中进行酒精强化法来中止发酵以酿造干型加强葡萄酒。

雪利酒（Sherry）

雪利酒的风格

- **干型雪利酒**

  帕洛米诺（Palomino）葡萄
- **甜型雪利酒**

  干状的佩德罗－希梅内斯（Pedro Ximénez）葡萄
- **混合雪利酒**

  在干型雪利酒中以甜味成分加甜

主要的干型风格

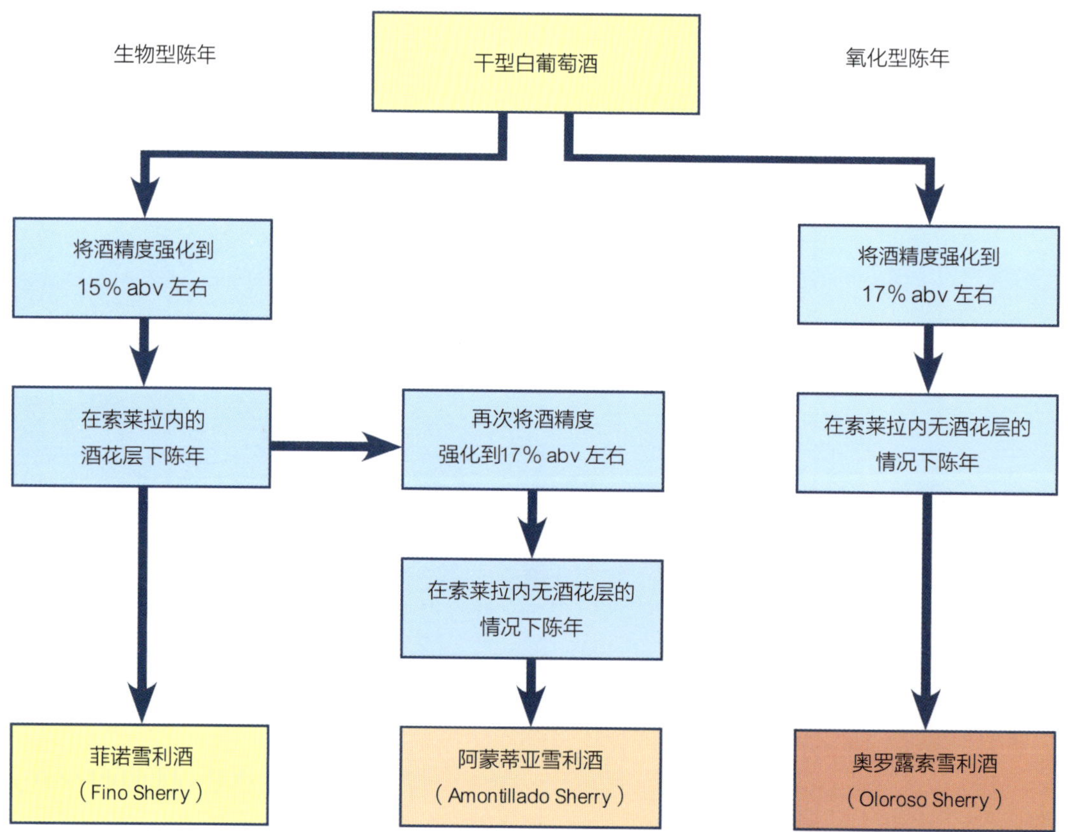

混合风格

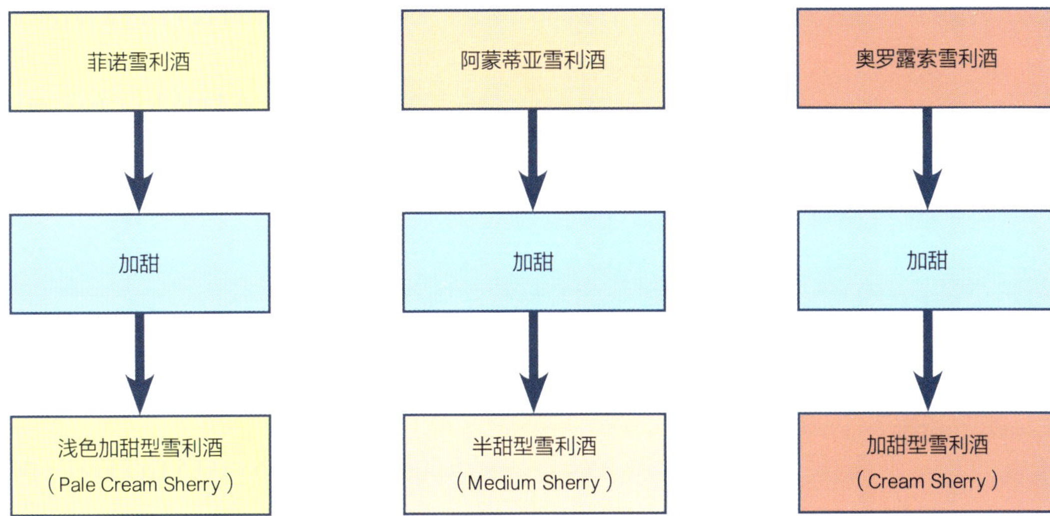

波特酒（Port）

波特酒的酿造过程

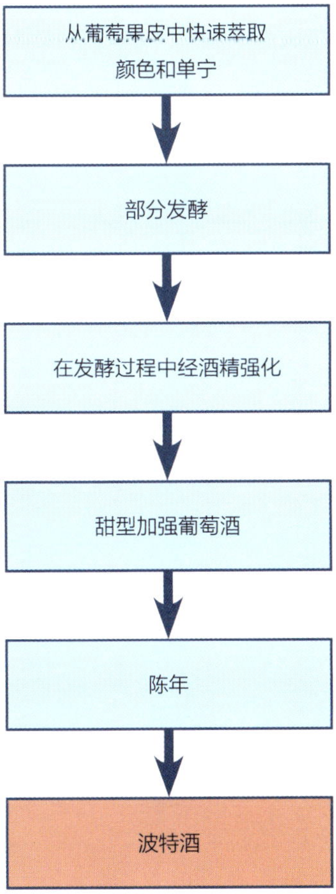

从葡萄果皮中快速萃取颜色和单宁

↓

部分发酵

↓

在发酵过程中经酒精强化

↓

甜型加强葡萄酒

↓

陈年

↓

波特酒

波特酒的风格

年份波特酒（Vintage Port）

宝石红风格的波特酒

- 宝石红波特酒（Ruby Port）
- 珍藏宝石红波特酒（Reserve Ruby Port）
- 晚装瓶年份波特酒
  [Late Bottled Vintage（LBV）Port]

茶色风格的波特酒

- 茶色波特酒（Tawny Port）
- 年份标示

品尝强化酒

	雪利酒	波特酒
颜　色		
香气 / 味道		
质　量		

试卷样题

学习成果1

理解环境影响和葡萄种植的各项选择对葡萄酒风格与质量的影响。

1. 葡萄果肉的主要成分有哪些?
   a) 单宁与糖分
   b) 水分与糖分
   c) 酸度与单宁
   d) 糖分与酵母

2. 葡萄藤需要什么来进行光合作用?
   a) 阳光与矿物质
   b) 糖分与氧气
   c) 单宁与糖分
   d) 阳光与二氧化碳

3. 花序是在哪一个季节形成的?
   a) 夏天
   b) 春天
   c) 冬天
   d) 秋天

4. 以下哪一项最适合用来描述黑葡萄成熟时会出现的改变?
   a) 颜色从紫红色变成深绿色，酸度降低
   b) 糖分会增加，草本植物味道变得明显
   c) 颜色从深绿色变成紫红色，酸度增加
   d) 糖分会增加，味道从新鲜水果变为煮熟水果味

5. 贵腐菌生长的理想环境是什么?
   a) 夜晚凉爽，白天温暖干燥
   b) 白天温暖干燥，下午潮湿多雾
   c) 早晨湿雾笼罩，下午多雨
   d) 早晨湿雾笼罩，下午温暖而干燥

6. 大多数葡萄园均位于南北纬几度之间?
   a) 40° 与50°
   b) 30° 与50°
   c) 20° 与40°
   d) 30° 与40°

7. 欧洲北部的葡萄园得以温暖的原因在于:
   a) 浓雾
   b) 来自加勒比海的洋流
   c) 来自山脉的暖空气
   d) 降雨量大

8. 以下哪一个叙述是正确的?
   a) 质量很好或特好的葡萄酒只能使用人工采收的葡萄
   b) 质量很好或特好的葡萄酒只能使用机器采收的葡萄
   c) 质量很好或特好的葡萄酒可使用人工或机器采收的葡萄
   d) 质量很好或特好的葡萄酒不能使用机器采收的葡萄

9. 以下哪一项为法国 Protected Designation of Origin（原产地保护标签，简称PDO）酒标术语?
   a) 法定产区命名葡萄酒（Appellation d'Origine Contrôlée）
   b) 优质葡萄酒（Qualitätswein）
   c) 地区葡萄酒（Vin de Pays）
   d) 地理标志保护葡萄酒（Indication Géographique Protégée）

10. 以下哪一个叙述是正确的?
   a) 晚采收葡萄酒仅能使用来自老藤的葡萄
   b) 晚采收葡萄酒一定为干型、低酒精度
   c) 晚采收葡萄酒可能为干型、近乎干、中或甜型
   d) 晚采收葡萄酒在意大利必须标示为晚收葡萄酒（Vendanges Tardives）

学习成果2

了解酿造过程与瓶中陈年对葡萄酒风格与质量的影响。

1. 干型葡萄酒的酒精度多数是介于:
   a) 11.5% abv ~ 16% abv
   b) 17% abv ~ 20% abv
   c) 5% abv ~ 8% abv
   d) 9% abv ~ 10.5% abv

2. 多数红葡萄酒的正确酿造过程是:
   a) 破碎、压榨、酒精发酵
   b) 破碎、酒精发酵、压榨
   c) 压榨、酒精发酵、破碎
   d) 压榨、破碎、酒精发酵

3. 葡萄酒酿造的哪一个过程会使红葡萄酒获得所需的颜色?
   a) 发酵时仅与葡萄籽和葡萄梗接触
   b) 压榨葡萄时
   c) 在橡木桶中发酵时
   d) 发酵过程与葡萄皮接触

4. 以下哪些技术会在酿造甜葡萄酒时使用?
   ① 从具有高度浓缩糖分的葡萄中萃取葡萄汁
   ② 酵母在发酵完成后被移除
   ③ 将干型葡萄酒与甜型葡萄酒混合

   a) 仅①与②
   b) 仅①与③
   c) 仅②与③
   d) ①、②与③

5. 旧的橡木容器能够:
   ① 在葡萄酒中增添浓郁的橡木味道
   ② 使氧气与葡萄酒得以相互影响
   ③ 使红葡萄酒中的单宁软化

   a) 仅①与②
   b) 仅①与③
   c) 仅②与③
   d) ①、②与③

6. 以下哪一项能为干型白葡萄酒增添复杂性?
   ① 混合
   ② 苹果酸—乳酸转化
   ③ 搅动酒泥
   ④ 在木桶中进行发酵

   a) 仅①与②
   b) ②、③与④
   c) 仅①与④
   d) ①、②、③与④

7. 描述经瓶中陈年的白葡萄酒，以下哪句话最为正确?
   a) 淡金黄色，具皮革与肉味
   b) 淡茶色，具香草与李子香气
   c) 中度金黄色，具蜂蜜与杏干香气
   d) 中度金黄色，具皮革与湿树叶香气

8. 特好质量的红葡萄酒能够陈年多时原因在于:
   a) 单宁高、酒精度低、酸度低
   b) 单宁低、酒精度高、酸度低
   c) 单宁低、具有浓郁的水果味道、酸度低
   d) 单宁高、具有浓郁的水果味道、酸度高

学习成果3

理解环境影响和葡萄种植的各项选择，酿造过程与瓶中陈年对主要品种葡萄酒的风格与质量的影响。

1. 以下哪一个AOC葡萄酒具有酒体饱满、单宁高、酸度高与黑色水果、雪松、烟草等特征?
   a) 默尔索产区（Meursault）
   b) 玛歌产区（Margaux）
   c) 博讷产区（Beaune）
   d) 博若莱产区（Beaujolais）

2. 长相思葡萄酒在酿制初期具有什么味道?
   a) 柠檬、蜂蜜与坚果
   b) 青草、花丛与西番莲果
   c) 杏干、椰子与饼干
   d) 糖果、薄荷与奶油

3. 以下哪一个产区以生产质量特好的霞多丽出名?
   a) 勃艮第（Burgundy）
   b) 阿尔萨斯（Alsace）
   c) 波尔多（Bordeaux）
   d) 下海湾地区（Rías Baixas）

4. 以下哪一个叙述用来描述黑皮诺最为正确?
   a) 只会用来酿造便宜、质量低的葡萄酒
   b) 通常颜色深，具高单宁
   c) 味道通常为热带水果与柑橘味
   d) 最适合生长在凉爽与温和的气候

5. 以下哪一个产区以生产西拉（Syrah）葡萄酒出名?
   a) 埃米塔日（Hermitage）
   b) 波尔多（Bordeaux）
   c) 里奥哈（Rioja）
   d) 基安蒂（Chianti）

6. 桑塞尔（Sancerre）是用哪一个葡萄品种酿造的?
   a) 长相思（Sauvignon Blanc）
   b) 白诗南（Chenin Blanc）
   c) 雷司令（Riesling）
   d) 霞多丽（Chardonnay）

7. 以下哪些葡萄品种常见于阿尔萨斯?
   ① 灰皮诺（Pinot Gris）
   ② 霞多丽（Chardonnay）
   ③ 雷司令（Riesling）
   ④ 赛美蓉（Sémillon）

   a) 仅①与②
   b) 仅①与③
   c) 仅②与④
   d) 仅③与④

8. 质量很好与特好的波尔多干型白葡萄酒，通常是用哪些葡萄品种酿造的？
   a) 长相思（Sauvignon Blanc）与白诗南（Chenin Blanc）
   b) 霞多丽（Chardonnay）与赛美蓉（Sémillon）
   c) 白诗南（Chenin Blanc）与霞多丽（Chardonnay）
   d) 长相思（Sauvignon Blanc）与赛美蓉（Sémillon）

9. 默尔索（Meursault）是用以下哪一个葡萄品种酿造的？
   a) 霞多丽（Chardonnay）
   b) 赤霞珠（Cabernet Sauvignon）
   c) 长相思（Sauvignon Blanc）
   d) 西拉（Syrah）

10. 甜型、酸度高、酒精度低，具杏干与蜂蜜特征是对哪一款酒的最佳描述？
   a) 普依－芙美（Pouilly-Fumé）
   b) 普依－富塞（Pouilly-Fuissé）
   c) 枯萄精选酒（Trockenbeerenauslese）
   d) 苏玳（Sauternes）

11. 对一款酒标为维内兹法定产区的灰皮诺（Pinot Grigio delle Venezie DOC）的葡萄酒的最佳描述是：
   a) 甜型、酒体饱满而复杂
   b) 干型、酒体轻盈而口感简单
   c) 中型、酒体饱满而复杂
   d) 甜型、酒体轻盈而口感简单

第12—14题是对一款酿造初期的普依－芙美的描述：

12. 视觉的“观”：
   a) 深琥珀色
   b) 淡柠檬色
   c) 深金黄色
   d) 淡琥珀色

13. 嗅觉的“闻”：
   a) 浓郁的青草、芦笋、苹果与湿石头味
   b) 淡淡的杏、蜂蜜、果干与坚果味
   c) 中度的蜜瓜、黄油、香草与烟熏味
   d) 中度的西番莲果、香草与咖啡味

14. 味觉的“尝”：
   a) 干型、酸度低
   b) 甜度中等、酸度高
   c) 干型、酸度高
   d) 干型、酸度中等

15. 澳大利亚质量很好与特好的雷司令产于何处？
   a) 霍克湾（Hawke's Bay）
   b) 克莱尔谷（Clare Valley）
   c) 中央山谷（Central Valley）
   d) 沃克湾（Walker Bay）

16. 圣埃美隆列级酒庄（Grand Cru Classé）这个酒标术语通常用于哪个产区？
   a) 罗讷河（Rhône）
   b) 波尔多（Bordeaux）
   c) 巴罗洛（Barolo）
   d) 卢瓦尔河（Loire）

17. 以下哪两个产区以生产质量特好的赤霞珠葡萄酒出名？
   a) 罗讷河谷（Rhône Valley）与纳帕谷（Napa Valley）
   b) 斯泰伦博斯（Stellenbosch）与玛格丽特河（Margaret River）
   c) 巴罗洛（Barolo）与卡内罗斯（Carneros）
   d) 勃艮第（Burgundy）与库纳瓦拉（Coonawarra）

18. 巴罗萨谷产区（Barossa Valley）的西拉子葡萄酒通常：
   a) 酒体饱满，具有黑樱桃、香草与咖啡的特征
   b) 酒体轻盈，具有草莓、皮革与湿树叶的特征
   c) 酒体饱满，具有菠萝、奶油与蜂蜜的特征
   d) 酒体轻盈，具有黑樱桃、奶油与皮革的特征

19. 梅洛（Merlot）通常与以下哪一个品种混合？
   a) 普里米蒂沃（Primitivo）
   b) 霞多丽（Chardonnay）
   c) 黑皮诺（Pinot Noir）
   d) 赤霞珠（Cabernet Sauvignon）

20. 以下哪些葡萄品种能够在凉爽与温和气候成功地生长？
   ① 梅洛（Merlot）
   ② 黑皮诺（Pinot Noir）
   ③ 雷司令（Riesling）
   ④ 长相思（Sauvignon Blanc）

   a) 仅①与②
   b) 仅②与③
   c) ②、③与④
   d) ①、②、③与④

21. 罗讷河北部最优异的葡萄园位于：
   a) 朝北的山坡
   b) 平坦的河谷
   c) 海岸的附近
   d) 陡峭的山坡

22. 以下哪一个是纳帕谷的子产区？
   a) 卡利斯托加（Calistoga）
   b) 索诺马（Sonoma）
   c) 斯泰伦博斯（Stellenbosch）
   d) 库纳瓦拉（Coonawarra）

学习成果4

了解不同产区重要的黑白葡萄品种所酿造的葡萄酒的风格与质量。

1. 以下哪一个是意大利的黑葡萄品种?
   a) 维蒂奇诺(Verdicchio)
   b) 柯蒂斯(Cortese)
   c) 科维纳(Corvina)
   d) 霞多丽(Chardonnay)

2. 以下哪一款红葡萄酒酒体饱满、单宁高、酸度高?
   a) 加维(Gavi)
   b) 索阿韦(Soave)
   c) 巴巴莱斯科(Barbaresco)
   d) 下海湾地区(Rías Baixas)

3. 以下哪一个是里奥哈最重要的葡萄品种?
   a) 佩德罗-希梅内斯(Pedro Ximénez)
   b) 赤霞珠(Cabernet Sauvignon)
   c) 柯蒂斯(Cortese)
   d) 丹魄(Tempranillo)

4. 以下哪一个葡萄品种在西班牙广泛使用于桃红葡萄酒的酿造?
   a) 皮诺塔吉(Pinotage)
   b) 加尔纳恰(Garnacha)
   c) 马尔贝克(Malbec)
   d) 佳美娜(Carmenère)

5. 马尔贝克是以下哪一个国家最重要的葡萄品种?
   a) 澳大利亚
   b) 阿根廷
   c) 智利
   d) 南非

6. 以下哪一个葡萄品种被广泛种植于南非?
   a) 琼瑶浆(Gewurztraminer)
   b) 格雷拉(Glera)
   c) 赛美蓉(Semillon)
   d) 白诗南(Chenin Blanc)

7. 以下哪一个意大利酒标术语用来表示葡萄来自某个地区的历史中心?
   a) 经典(Classico)
   b) 陈酿(Crianza)
   c) 珍藏(Riserva)
   d) 柯蒂斯(Cortese)

8. 以下哪一个葡萄品种被用来酿造博若莱葡萄酒?
   a) 格雷拉(Glera)
   b) 佳美(Gamay)
   c) 歌海娜(Grenache)
   d) 卡尔卡耐卡(Garganega)

9. 以下哪一个是对阿韦利诺菲亚诺优质法定产区(Fiano di Avellino DOCG)最好的描述?
   a) 酒体轻盈，酸度高，具有桃、蜜瓜的特征
   b) 中等酒体，酸度中等，具有桃、蜜瓜的特征
   c) 酒体饱满，酸度高，具有花丛、苹果的特征
   d) 酒体轻盈，酸度中等，具有花丛、苹果的特征

10. 皮诺塔吉通常与以下哪一个品种混合以酿制开普混合葡萄酒?
   a) 白诗南(Chenin Blanc)与马尔贝克(Malbec)
   b) 白诗南(Chenin Blanc)与梅洛(Merlot)
   c) 赤霞珠(Cabernet Sauvignon)与维欧尼(Viognier)
   d) 赤霞珠(Cabernet Sauvignon)与梅洛(Merlot)

11. 以下哪一个是里奥哈的陈酿葡萄酒的特征?
   a) 橡木陈年所需的时间比珍藏葡萄酒长
   b) 不需要经过橡木陈年
   c) 有些橡木味道
   d) 只有一类水果味道

12. 以下哪一个产区以生产口感强劲、酒体饱满的加尔纳恰葡萄酒出名?
   a) 普里奥拉(Priorat)
   b) 玻玛(Pommard)
   c) 波美侯(Pomerol)
   d) 波特酒葡萄种植区(Port)

13. 瓦尔波利切拉的阿玛罗尼优质法定产区的葡萄酒是用哪个葡萄品种酿造的?
   a) 科维纳(Corvina)
   b) 巴贝拉(Barbera)
   c) 内比奥罗(Nebbiolo)
   d) 维蒂奇诺(Verdicchio)

14. 米内瓦法定产区(Minervois AOC)葡萄酒是用哪些葡萄品种混合酿造的?
   a) 歌海娜(Grenache)与西拉(Syrah)
   b) 西拉(Syrah)与维欧尼(Viognier)
   c) 丹魄(Tempranillo)与加尔纳恰(Garnacha)
   d) 西拉(Syrah)与佳美(Gamay)

15. 以下哪一款葡萄酒可以推荐给希望购买口感简单，多果香，可以立即饮用的红葡萄酒顾客?
   a) 托卡伊阿苏贵腐酒(Tokaji Aszú)
   b) 经典珍藏基安蒂(Chianti Classico Riserva)
   c) 巴罗洛子产区(Barolo)葡萄酒
   d) 罗讷河法定产区(Côtes du Rhône)葡萄酒

学习成果5

理解葡萄品种与酿造过程对起泡葡萄酒与加强葡萄酒风格的影响。

1. 阿斯蒂起泡酒是用哪个葡萄品种酿造的?
   a) 格雷拉（Glera）
   b) 莫斯卡托（麝香）[Moscato（Muscat）]
   c) 霞多丽（Chardonnay）
   d) 黑皮诺（Pinot Noir）

2. 酿造香槟时，吐泥（disgorgement）的过程是用来:
   a) 混合静止葡萄酒
   b) 将酒泥移到瓶子的颈部
   c) 将酒泥从瓶内移除
   d) 在静止葡萄酒中添加糖分与酵母

3. 在自溶过程中产生的味道是:
   a) 柠檬与菠萝味
   b) 苹果与奶油味
   c) 饼干与面包味
   d) 黄油与奶油味

4. 以下哪一个叙述最适合描述普洛赛克?
   a) 酒体轻盈，具有蜜瓜与苹果的特征
   b) 酒体饱满，具有花丛与葡萄的特征
   c) 酒体饱满，具有面包与饼干的特征
   d) 酒体中等，具有柠檬与饼干的特征

5. 索莱拉系统是用来:
   a) 为波特酒增加甜度
   b) 与陈年雪利酒混合
   c) 为香槟移除酵母
   d) 在发酵前使葡萄变为干状

6. 以下哪一个是常见的波特酒酒标术语?
   a) TBA
   b) DOC
   c) LBV
   d) PX

7. “甜型，具有杏仁与苹果味道”最适合用来描述:
   a) 浅色加甜型雪利酒（Pale Cream Sherry）
   b) 年份波特酒（Vintage Port）
   c) 奥罗露索雪利酒（Oloroso Sherry）
   d) 宝石红波特酒（Ruby Port）

8. 以下哪两款葡萄酒来自西班牙?
   a) 普洛赛克（Prosecco）与阿斯蒂（Asti）
   b) 卡瓦（Cava）与普洛赛克（Prosecco）
   c) 雪利酒（Sherry）与阿斯蒂（Asti）
   d) 卡瓦（Cava）与雪利酒（Sherry）

学习成果6

理解葡萄酒的储存、侍酒服务和餐酒搭配的主要原则与过程。

1. 开启一瓶起泡葡萄酒时，怎样才能使开启过程变得简单而安全?
   ① 将葡萄酒冰镇
   ② 松开铁丝笼后，必须用手紧按软木塞
   ③ 将软木塞握好，然后轻轻转动瓶身

   a) 仅①
   b) 仅①与③
   c) 仅①与②
   d) ①、②与③

2. 对以软木塞封瓶的葡萄酒，以下哪一个是其理想的储存环境?
   a) 气温必须温暖
   b) 气温必须凉爽而稳定
   c) 酒瓶必须垂直储存
   d) 储存在强光可照射到的地方

3. 软木塞缺陷指的是:
   a) 酒瓶中有一些软木塞屑
   b) 酒液呈现深褐色
   c) 出现湿纸板气息
   d) 出现焦糖香气

4. 以下哪两款葡萄酒在侍酒前必须先充分冰镇?
   a) 苏玳（Sauternes）与托卡伊阿苏贵腐酒（Tokaji Aszú）
   b) 香槟（Champagne）与博若莱（Beaujolais）
   c) 西拉子（Shiraz）与具橡木味霞多丽（Chardonnay）
   d) 普洛赛克（Prosecco）与赤霞珠（Cabernet Sauvignon）

5. 以下哪一个是对采用真空法保持葡萄酒新鲜度的正确描述?
   a) 以气泵将二氧化碳注入葡萄酒中
   b) 以气泵将气体注入葡萄酒中以便将酒瓶内的空气推出来
   c) 以抽气泵抽去酒瓶内的空气
   d) 将气体注入葡萄酒中以便添加新鲜果香

试卷样题答案

学习成果1

1. b)
2. d)
3. b)
4. d)
5. d)
6. b)
7. b)
8. c)
9. a)
10. c)

学习成果2

1. a)
2. b)
3. d)
4. b)
5. c)
6. d)
7. c)
8. d)

学习成果3

1. b)
2. b)
3. a)
4. d)
5. a)
6. a)
7. b)
8. d)
9. a)
10. c)
11. b)
12. b)
13. a)
14. c)
15. b)
16. b)
17. b)
18. a)
19. d)
20. c)
21. d)
22. a)

学习成果4

1. c)
2. c)
3. d)
4. b)
5. b)
6. d)
7. a)
8. b)
9. b)
10. d)
11. c)
12. a)
13. a)
14. a)
15. d)

学习成果5

1. b)
2. c)
3. c)
4. a)
5. b)
6. c)
7. a)
8. d)

学习成果6

1. d)
2. b)
3. c)
4. a)
5. c)